3 1994 01329 6808

1/06

SANTA ANA PUBLIC LIBRARY
NEWHOPE BRANCH

D0466494

1/06

DENTRO DE LAS
Galápagos Salvajes

BLACKBIRCH PRESS

An imprint of Thomson Gale, a part of The Thomson Corporation

J SP 591.98665 DEN

Dentro de las Galapagos
salvajes

$23.70

NEWHOPE   31994013296808

Detroit • New York • San Francisco • San Diego • New Haven, Conn. • Waterville, Maine • London • Munich

© 2005 Thomson Gale, a part of The Thomson Corporation.

Thomson and Star Logo are trademarks and Gale and Blackbirch Press are registered trademarks used herein under license.

For more information, contact
The Gale Group, Inc.
27500 Drake Rd.
Farmington Hills, MI 48331-3535
Or you can visit our Internet site at http://www.gale.com

ALL RIGHTS RESERVED
No part of this work covered by the copyright hereon may be reproduced or used in any form or by any means—graphic, electronic, or mechanical, including photocopying, recording, taping, Web distribution or information storage retrieval systems—without the written permission of the publisher.

Every effort has been made to trace the owners of copyrighted material.

Photo credits: cover, pages all © Discovery Communications, Inc. except for pages 4, 6–7, 17, 20, 25 © Blackbirch Press Archives. Images on bottom banner © PhotoDisc, Corel Corporation, and Powerphoto

Discovery Communications, Discovery Communications logo, TLC (The Learning Channel), TLC (The Learning Channel) logo, Animal Planet, and the Animal Planet logo are trademarks of Discovery Communications Inc., used under license.

LIBRARY OF CONGRESS CATALOGING-IN-PUBLICATION DATA

Into wild Galápagos. Spanish.
   Dentro de las Galápagos salvajes / edited by Elaine Pascoe.
     p. cm. — (The Jeff Corwin experience)
   Includes bibliographical references and index.
   ISBN 1-4103-0681-X (hard cover : alk. paper)
    1. Zoology—Galápagos Islands—Juvenile literature. I. Pascoe,
Elaine. II. Title. III. Series.
   QL345.G2I5818 2005
   591.9866′5—dc22
                                 2004029281

Printed in United States of America
10 9 8 7 6 5 4 3 2 1

Desde que era niño, soñaba con viajar alrededor del mundo, visitar lugares exóticos y ver todo tipo de animales increíbles. Y ahora, ¡adivina! ¡Eso es exactamente lo que hago!

Sí, tengo muchísima suerte. Pero no tienes que tener tu propio programa de televisión en Animal Planet para salir y explorar el mundo natural que te rodea. Bueno, yo sí viajo a Madagascar y el Amazonas y a todo tipo de lugares impresionantes—pero no necesitas ir demasiado lejos para ver la maravillosa vida silvestre de cerca. De hecho, puedo encontrar miles de criaturas increíbles aquí mismo, en mi propio patio trasero—o en el de mi vecino (aunque se molesta un poco cuando me encuentra arrastrándome por los arbustos). El punto es que, no importa dónde vivas, hay cosas fantásticas para ver en la naturaleza. Todo lo que tienes que hacer es mirar.

Por ejemplo, me encantan las serpientes. Me he enfrentado cara a cara con las víboras más venenosas del mundo—algunas de las más grandes, más fuertes y más raras. Pero también encontré una extraordinaria variedad de serpientes con sólo viajar por Massachussets, mi estado natal. Viajé a reservas, parques estatales, parques nacionales—y en cada lugar disfruté de plantas y animales únicos e impresionantes. Entonces, si yo lo puedo hacer, tú también lo puedes hacer (¡excepto por lo de cazar serpientes venenosas!) Así que planea una caminata por la naturaleza con algunos amigos. Organiza proyectos con tu maestro de ciencias en la escuela. Pídeles a tus papás que incluyan un parque estatal o nacional en la lista de cosas que hacer en las siguientes vacaciones familiares. Construye una casa para pájaros. Lo que sea. Pero ten contacto con la naturaleza.

Cuando leas estas páginas y veas las fotos, quizás puedas ver lo entusiasmado que me pongo cuando me enfrento cara a cara con bellos animales. Eso quiero precisamente. Que sientas la emoción. Y quiero que recuerdes que—incluso si no tienes tu propio programa de televisión—puedes experimentar la increíble belleza de la naturaleza dondequiera que vayas, cualquier día de la semana. Sólo espero ayudar a poner más a tu alcance ese fascinante poder y belleza. ¡Que lo disfrutes!

Mis mejores deseos,

DENTRO DE LAS
Galápagos Salvajes

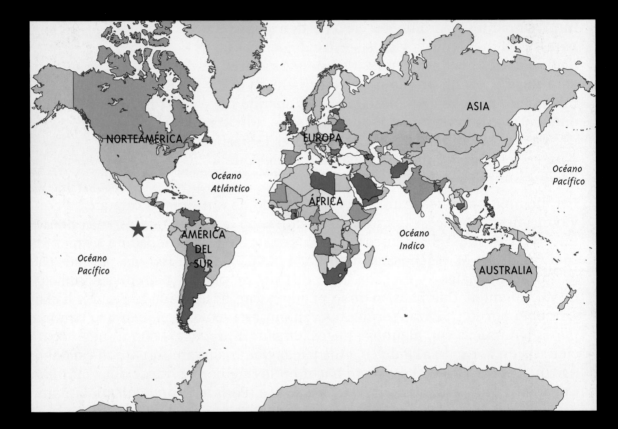

Las sorprendentes Islas Galápagos se encuentran sobre el ecuador a 600 millas (966 kilómetros) de la costa de Sudamérica. Aisladas del continente, y con constante actividad volcánica, se han convertido en un laboratorio viviente de la evolución. Ven conmigo a explorar y a encontrar los animales extraños y únicos que han hecho famoso a este lugar.

Me llamo Jeff Corwin.
Bienvenido a las Galápagos.

Las Galápagos son un lugar increíble.

Esta es la iguana marina de Galápagos, una de las siete variedades de iguanas que encontrarás en estas islas. Son reptiles extraordinarios, robustos y muy aptos para sobrevivir en estas resistentes tierras.

Iguanas marinas de las Galápagos.

Las Islas Galápagos tienen un resistente terreno volcánico.

Estas iguanas son estupendas.

El de arriba es Darwin. Abajo está mi medio de transporte.

Quizás piensas en las Islas Galápagos como una cornucopia llena de fauna silvestre, pero en realidad estas islas son pobres en especies. Es decir, no hay muchos animales diferentes que viven aquí. Sin embargo, las especies que habitan aquí son sorprendentes—como estas iguanas marinas, te dejan boquiabierto.

El famoso naturalista del siglo diecinueve, Charles Darwin, usó las Galápagos para ilustrar sus teorías sobre el origen de las especies. Tal como lo hizo Darwin, viajaremos y navegaremos por estas islas. Veremos un montón de iguanas—incluso aquellas que los investigadores creen que pueden ser una raza totalmente nueva de estos reptiles únicos.

Fernandina es la más reciente de las islas.

La primera parada, Fernandina, es la más reciente de estas islas volcánicas. Esta isla sólo tiene setecientos mil años. Imagínatela burbujeando y empujando hacia arriba desde el océano, evaporando el agua. Al final se convirtió un lugar de crianza para la vida. ¿Pero cómo llegaron estos animales hasta aquí?

El ancestro de la iguana marina migró desde el continente. Era la típica iguana de la selva tropical. Quizás migró sobre un trozo de vegetación. Quizás fue una hembra lista para desovar o quizás una pequeña colonia de iguanas viajó en un tronco flotante. Aisladas en un hábitat muy diferente al del continente sudamericano, estas iguanas náufragas evolucionaron en especies muy diversas, especies marinas y especies terrestres.

Estos son los únicos lagartos del mundo que comen alimento que proviene del océano.

Las iguanas marinas son extraordinarias porque sobreviven en ambientes de agua salada. Vienen a la tierra a poner sus huevos y a tomar sol, pero sus alimentos son unas algas de agua salada, las algas marinas. Son los únicos lagartos del mundo que sobreviven en un ambiente marino y cosechan alimento del mar, y sólo se encuentran en las Galápagos.

Cuando Darwin estuvo aquí en 1835, hizo un descubrimiento muy interesante sobre las iguanas marinas. Hoy en día, no puedes tocar estos animales. Pero Darwin hizo un experimento en el cual lanzó una iguana al océano y observó que volvió nadando a tierra. Volvió a arrojar a esta animal al agua cinco o seis veces, y cada vez volvió nadando a la costa. Descubrió que aunque puede vivir en el océano, al igual que sus ancestros distantes, se siente más segura en la tierra.

Estos ejemplares son de tamaño mediano y oscuros.

Cada isla tiene su grupo único de iguanas marinas. En Isabela, son enormes, mientras que en Plaza Sur, son muy pequeñas. En algunas otras islas son coloridas. Pero aquí, en Fernandina, son gorditas, de tamaño moderado y muy oscuras.

Ésta sí que es ... "gordita".

Es difícil diferenciarlas entre las rocas, ¿no?

¿Esta se parece a la lava?

El color oscuro tiene dos propósitos importantes. Primero, es un camuflaje excelente. Si vives en una isla volcánica y estás rodeado de lava negra, ¿qué mejor manera de mimetizarte con el ambiente que pareciéndote a la lava?

Segundo, el color oscuro les ayuda a mantenerse más calientes. Fernandina es un poco más fría que otras partes de las Galápagos porque hay brotes de agua fría alrededor de la isla. Como todos los reptiles, las iguanas son de sangre fría y no pueden mantener una temperatura constante en el cuerpo por sí mismas. Los colores oscuros hacen que sus cuerpos sean como paneles solares. Pueden absorber calor del sol, almacenarlo en sus cuerpos, calentar sus metabolismos y después dirigirse hacia el mar.

Fernandina está rodeada de agua fría.

Mira esto—las iguanas marinas realmente estornudan sal. No lo hacen porque son maleducadas. Al vivir en un ambiente marino, ingieren mucha sal cuando comen y la liberan de esta manera. Unas glándulas recogen la sal del torrente sanguíneo y la expulsan por canales a través de sus orificios nasales.

Esto es verdadero amor crustáceo...

¡Vaya, mira estos cangrejos! Son un gran ejemplo de cómo se puede encontrar lo extraordinario en medio de lo ordinario. El cangrejo extendido, una especie muy común de crustáceos, colma estas rocas. He visto miles de ellos, pero es la primera vez que veo esto. Tenemos aquí un par de cangrejos extendidos trabados en un abrazo. Se están apareando. Las Galápagos están llenas de sorpresas.

Próxima parada, Plaza Sur. No, no es un centro comercial.

Isla Santa Cruz

Santa Cruz Island

Plaza Sur

Plaza Sur es una de las islas más pequeñas, y es el hogar de una gran colonia de leones marinos, cerca de 50 mil ejemplares. Estos animales son nadadores extraordinarios. Pueden sumergirse a cientos de pies bajo la superficie del agua a cazar calamares y otros animales del océano.

Estos animales son excelentes buzos.

Cerca de 50 mil leones marinos viven en Plaza Sur.

Bañistas felices cerca del agua.

Este macho está listo para pelear...

El león marino macho siempre lucha para ganar territorio. Mira este gran macho, éste es su territorio y por lo tanto lo va a defender. La lucha entre machos grandes puede ser extrema—hay sangre, se desgarran la carne y a veces se matan. Cada macho quiere una propiedad frente al mar. El macho más fuerte, con el mejor hábitat atrae a más hembras. Se aparea con ellas, pasando sus genes fuertes a la siguiente generación.

Este macho no esta muy contento de vernos en su propiedad. Vamos a darle un poco de espacio.

A los cachorros les gusta estar cerca de los demás.

¡Los cachorros son divertidos!

Espero que los cachorros de este grupo sean más amigables. Hay mucha actividad aquí, con los cachorros jugando en pequeñas piscinas. En estos lugares poco profundos los animales practican sus destrezas de natación. Cuando es hora de aventurarse por sí mismos, ya poseen todas las habilidades que necesitan para sobrevivir. Pero a esta edad los cachorros son muy vulnerables.

A estos cachorros les gusta estar cerca de los demás. Les encanta el contacto y les gusta acostarse el uno encima del otro y estar cerca. A veces puedes ver estos animales apilándose uno sobre el otro, formando enormes pilas de leones marinos.

¿Puedes ver todos los leones marinos en esta fotografía?

Plaza Sur está rodeada de un hábitat submarino increíble.

Los hermosos alrededores acuáticos de Plaza Sur están densamente poblados con vida al igual que la tierra. Esta es una parte de la isla que Darwin nunca pudo ver en persona. Aún aquí, bajo el agua, sus principios se están haciendo realidad. Este paraíso se encuentra en un estado de flujo constante, y los animales deben adaptarse para poder sobrevivir.

Estos tiburones no necesitan moverse para respirar.

¡Oye! ¿Por qué estás recostado allí?

Ahora bien, yo sé que se supone que debo dejar tranquilos a los tiburones que están durmiendo, pero miren éste. Durante años los científicos creyeron que la única forma en que los tiburones podían respirar era moviéndose, para que el agua entrara en la boca y pasara a través de las branquias. Pero estos tiburones están respirando sin moverse. Se han avistado tantos grupos como éste, yaciendo sin moverse, que hay que considerar nuevas teorías. ¿Están descansando? ¿Es una reunión social de tiburones? ¿Un preludio al apareamiento? Los científicos aún no están seguros.

A continuación, algo que nunca esperarías encontrar en los trópicos.

Como la mayoría de los peces, los tiburones (salvo unas pocas excepciones), llevan oxígeno a la sangre a través de sus branquias. La mayoría de los tiburones nada con la boca abierta, para que el agua pueda fluir por sus branquias. A medida que el agua pasa por las branquias, la sangre que está allí toma el oxígeno y deposita el dióxido de carbono que desecha. Este dióxido de carbono es eliminado por el flujo de agua que sale de las branquias.

Algunas especies no necesitan nadar para respirar. En su lugar mantienen un flujo constante de agua por las branquias bombeándola con la boca. Muchas especies que habitan en el fondo toman agua a través de un espiráculo, que es un orificio detrás del ojo. Bombean el agua hacia fuera por las branquias, lo que previene la inhalación de sedimentos del fondo.

Los peces espinosos tienen las branquias cubiertas por una tapa, llamada opérculo, pero los peces cartilaginosos (tiburones y rayas) no tienen estas tapas. En su lugar tienen una serie de hendiduras branquiales (una por cada arco de su agalla, en total de cinco a siete) por las cuales sale el agua.

Los restos fósiles nos indican que algunos tiburones prehistóricos tenían hasta diez pares de estos arcos. Mientras más arcos en sus agallas tenga un pez, más primitivo se considerará. A través de millones de años durante los cuales existieron los peces, la evolución los condujo a tener cada vez menos arcos. Los tiburones que tienen seis o siete arcos y se consideran más primitivos que los que tienen cinco.

La Isla de Mariella.

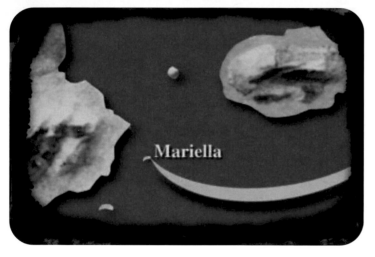

Mariella

Viajamos 65 millas (105 kilómetros) hasta la Isla de Mariella. No estoy seguro si Darwin paró aquí en su viaje en 1835, pero debería haberlo hecho. Estamos a 6.000 millas (9.660 kilómetros) de la Antártida, pero en esta isla habitan pingüinos.

Al igual que otros pingüinos, los pingüinos de las Galápagos no caminan mucho. Dan saltitos de un lugar a otro, y sobre la tierra estas aves no tienen lo que llamamos gracia. Pero en el agua, parecen tener su propio ballet del Bolshoi.

Sí. Pingüinos aún en el trópico.

Los pingüinos pasan mucho tiempo limpiando y arreglándose las plumas. Éste es un comportamiento muy importante para estos animales. El agua alrededor de estas islas proviene de corrientes extremadamente frías, las corrientes de Humboldt y de Cromwell. Esta agua fría les provee el alimento que necesitan, sardinas y mújol. Pero deben tener mucho cuidado con respecto a la temperatura de sus cuerpos. Pueden fácilmente sufrir hipotermia, ya que su única defensa es una capa de media pulgada (1,3 centímetros) de espesor de plumas muy

No tienen mucha gracia en dos patas...

densas. Por lo tanto constantemente acicalan sus plumas para asegurarse que estén compactas y bien lubricadas. Esto les provee una barrera entre el agua helada y su carne cálida.

Muchos científicos creen que los pingüinos de las Galápagos son un cruce entre los pingüinos de Humboldt y los de Magallanes. Sus ancestros llegaron hasta aquí hace millones de años desde el extremo sur de Sudamérica. Como tantas otras criaturas impresionantes que viven en las Galápagos, estos pingüinos permanecieron aislados y con el transcurso del tiempo se evolucionaron en una nueva especie, muy distinta a los pingüinos de Sudamérica.

Los pingüinos de las Galápagos son una especie única de este medioambiente.

Los pingüinos son excelentes padres. Pasan casi un año criando a sus bebés, invirtiendo tanta energía que, ¡las crías pueden llegar a pesar más que sus padres!

Los padres pingüinos cuidan muy bien a sus crías.

Los bebés se ponen grandes porque no hacen más que estar sentados, comer y crecer. Sus padres nadan y juntan toneladas de sardinas y mújol, que se tragan y traen en sus estómagos. Luego los padres regurgitan los peces en forma de una especie de pasta y lo dan de comer a sus bebés. Está muy bueno, pero me alegro no tener un pingüino de mamá.

Los pingüinos no son los únicos animales en la pequeña Isla de Mariella. Tenemos los piqueros de patas azules. Tenemos cormoranes no voladores. Tenemos cangrejos extendidos. Acabamos de ver un pulpo saliendo del agua, cazando un cangrejo extendido. No lo pudo atrapar, pero fue espectacular.

Pulpo

Me encantan estos piqueros de patas azules.

Me encuentro en la Isla Santa Cruz, en una estructura que es una especie de invernadero, no para cultivar flores, sino para una especie de animales muy especial, las tortugas galápago. Es parte del sistema de parques nacionales, conectada con el Centro Darwin, y los naturalistas aquí crian tortugas bebés.

Durante millones de años, estos animales abundaban en las Islas Galápagos. Pero cuando llegaron los humanos las cosas cambiaron muy rápidamente, porque los barcos que pasaban por el área paraban aquí a aprovisionarse de tortugas. Los marineros podían mantener a estos animales vivos en sus barcos por hasta un año sin darles ni comida ni agua, y así tener acceso a carne fresca, grasa para encender lámparas de aceite e incluso el agua almacenada en la vejiga de estos animales. La cacería por poco exterminó todas las tortugas. En cuatro siglos, su número se redujo de doscientos mil a menos de trece mil. Dos clases se extinguieron a causa del comportamiento de los seres humanos.

Aquí hay una tortuga que te quiero mostrar, una hermosa tortuga, y voy a compartir una banana con ella. Es una tortuga Cerro Azul. Si miras el caparazón de este individuo verás que le faltan algunos de sus escudos. Este animal se lastimó en 1998, cuando entró en erupción un volcán. La lava fluyó desde Cerro Azul hasta Sierra Negra, y lamentablemente esta tortuga estaba en su camino y se quemó. Algunas tortugas fueron transportadas por helicópteros a un lugar seguro. Pero este individuo, que pesa cientos de libras, fue llevado a mano por unos guardas forestales muy dedicados y preocupados. Fue rehabilitada y ahora forma parte de un programa muy importante de reproducción aquí. También es un embajador de este lugar porque comparte la importante historia natural de estas maravillosas tortugas.

Esta es una tortuga Cerro Azul...

Hay otra clase de tortuga que parece haber sido atropellada por una aplanadora, pero ese es el aspecto que tiene. Es un animal extraordinario, una tortuga Cinco Cerros, que evolucionó para tener una espalda muy plana, mientras que las demás la tienen redondeada. Entonces, ¿qué significa esto? ¿Estamos viendo las teorías de Darwin convertidas en realidad? ¿Es éste un fenómeno aislado o el comienzo de una nueva especie? Probablemente tengamos las respuestas a estas preguntas en aproximadamente un millón de años.

Mira esa piel...

Este parque es un lugar importante donde las tortugas se aparean.

¡Huy! ¡Mejor me alejo!

Cuando pensamos en tortugas pensamos en animales silenciosos. Pero estos animales no son muy silenciosos en la época de apareamiento. Cuando se aparean, los machos rugen y emiten un gruñido. La reproducción es la meta en este centro de cría dentro del Parque Nacional de las Galápagos, donde los naturalistas esperan asegurar el futuro no sólo de las tortugas Cinco Cerros, sino de otras tortugas galápago también.

Estos animales pueden vivir 100 años o más—nadie sabe verdaderamente por cuantos años viven. Es posible que haya una tortuga en alguna de las Islas Galápagos que haya estado allí desde la época de Darwin.

Ésta es herbívora, pero me está mirando como si fuera la banana más grande que jamás haya visto. Hora de irme.

Aquí hay una colonia de piqueros.

Tardamos diez horas para navegar desde Santa Cruz hasta Española, la más austral de las Islas Galápagos. Aquí ocurren cosas excelentes. Tenemos una pequeña colonia de piqueros enmascarados, aves con una conducta muy interesante y compleja.

El piquero enmascarado se llama así por el área de piel marrón sin plumas alrededor de su pico. El piquero enmascarado hembra pone dos huevos, pero los padres crían solamente a una de las crías. Una de estas crías sale del huevo primero, alrededor de una semana antes que la otra. Luego cuando sale la segunda, el primer recién nacido empuja a la segunda fuera de los límites del nido, una especie de círculo invisible que lo rodea.

¿Ves la máscara?

Los piqueros bebés son velludos al principio.

Mira un nido de piquero.

Los padres ignoran la batalla cuando el pequeño recién nacido es expulsado. Aún cuando el segundo recién nacido está sólo a un cuello de distancia de sus padres, éstos lo ignoran mientras se cuece bajo el sol ardiente y se muere de hambre. El recién nacido vencedor sobrevive y es cuidado por sus padres. Esta conducta, en la cual una de las crías mata a la otra para obtener el 100 por ciento de la atención de los padres se llama "fraternicidio obligado" o el efecto "Caín y Abel".

La Española es una isla hermosa, una de las más antiguas de este archipiélago, de casi 3 millones de años. En ella vive un espléndido lagarto, una magnífica iguana marina. Para encontrarla, sólo mira donde estás parado porque están por todos lados. Mira los colores—son

Estas iguanas marinas son muy hermosas.

Las espaldas con espinas ayudan a estas iguanas a protegerse.

como lagartos envueltos en arco iris y todos los individuos tienen coloraciones diferentes. Esta tiene una franja turquesa que le recorre la espalda.

Estas iguanas mueven sus cabezas para comunicarse entre sí, para advertir a otras iguanas que salgan de su territorio. Los científicos creen que los distintos colores tienen algo que ver con la competencia entre iguanas individuales. La fauna silvestre está muy comprimida en esta isla, y estas iguanas son más pequeñas que aquellas que hay en algunas de las demás islas. Compiten entre sí más bien por el color que por el tamaño. Si fueras una iguana, cuanto más bella y más espectaculares tus colores, más probabilidad tendrías de conseguir una pareja. Tu color hace resaltar tu salud y aptitud.

La iguana hembra cava un nido y lo defiende tenazmente.

Esta iguana hembra está trabajando arduamente para cavar un nido. Cavará medio metro o más bajo tierra, arrancando raíces de plantas y sacando piedras y tierra. Pero también debe defender su territorio de las otras hembras, que podrían cavar y destruir sus huevos y adueñarse del nido.

Una hembra se pone de guardia cuando otras se acerca al nido. Abre la boca y mueve su cabeza para decir: "Sal de ahí. ¡Fuera de mi nido!" y después de ahuyentar a su competidora, vuelve al nido para festejar la victoria haciendo una pequeña danza, cavando un poco más y poniendo sus huevos.

Nuestro próximo destino es la Isla Isabela. Es la más grande de las Islas Galápagos, y en ella habitan algunos animales igualmente grandes.

¡Las iguanas de la Isla Isabela son enormes!

Isabela no es sólo la más grande de las islas, sino que aún sigue creciendo. La espina dorsal de la isla está formada por cinco volcanes que aún permanecen activos.

Las iguanas marinas se han adaptado aquí a la amplitud de la isla. Son enormes. Me siento como si estuviera en una película de terror japonesa de los años 50.

Hay cinco volcanes aún activos.

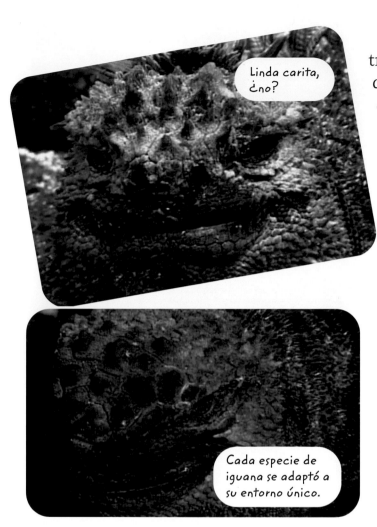

Linda carita, ¿no?

Cada especie de iguana se adaptó a su entorno único.

A medida que nos encontramos cara a cara con los distintos tipos de iguanas de las Galápagos, vemos que cobran vida las teorías de Darwin. Este animal demuestra una teoría conocida como la radiación adaptativa. Esto es cuando una especie se adapta para sobrevivir en un ambiente específico. Aquí, cada isla alberga una subespecie nueva y distinta, moldeada por su entorno. Las adaptaciones ayudan a estos animales a sobrevivir, y los sobrevivientes procrean y pasan sus adaptaciones a sus descendientes.

Mira éste—es un macho de verdad. Nos muestra su ornamentación y su fortaleza. No sólo tiene un gran conjunto de espinas que recorren su cuerpo, sino que es tan viejo, que se le están doblando y superponiendo entre ellas. Esas escamas triangulares sobre la cabeza le sirven para pelear cabeza a cabeza con otras iguanas, mientras luchan de

un lado a otro por el acceso a una buena roca donde haya muchas muchachas. Así se ve un animal que está apto para sobrevivir, y la iguana hembra lo encuentra muy atractivo.

La iguana terrestre es hermosa.

Mira este perfil.

Hasta ahora sólo te he mostrado iguanas marinas, pero aquí, finalmente, encontramos una iguana terrestre de las Galápagos. Mira sus colores. La parte de arriba es color cobre, mientras que la de abajo y la cabeza son de un bello amarillo y los ojos son rojos. Este individuo es un macho, tiene espinas y protuberancias redondeadas en la cabeza. Como puedes ver, estas iguanas son puro músculo. Usan los músculos de los brazos y piernas para treparse a los árboles en busca de frutas y alimento. Las hembras usan los poderosos músculos de las piernas y garras para desgarrar la tierra y poner sus huevos.

Las iguanas terrestres como ésta viven muchos años. Las iguanas marinas viven unos 30 años mientras que estos animales viven unos 60 años. Si Darwin aún estuviera vivo, se asombraría de algunas de

Estas iguanas son puro músculo.

Pueden trepar gracias a los fuertes músculos de sus brazos y piernas.

las adaptaciones de estas iguanas. Los científicos creen que las iguanas terrestres de Isabela han evolucionado hasta tal punto, que se están por convertir en una nueve especie propia.

Aquí en las Galápagos, tenemos una imagen casi única del mundo de estos animales. Podemos sentarnos y a unos pocos pies de nosotros este animal hace sus cosas sin preocuparse del resto del mundo. Los animales han evolucionado aquí de muchas maneras para favorecer su supervivencia, pero una conducta que no poseen es el miedo de ser cazados. Esto se debe a que pudieron evolucionar durante millones de años en estas islas sin depredadores.

Al este de Isabela más allá de Santa Cruz hay una isla donde está ocurriendo algo especial.

¿Es un animal marino...?

¿...o un animal terrestre?

Mira esta iguana. No es un reptil común. Esta iguana es un híbrido, producto del cruce de una iguana marina con una terrestre.

Hace diez millones de años llegaron a las islas los ancestros de las iguanas marinas y de las terrestres.

Luego algunos de sus descendientes se dividieron en un grupo que comía algas del océano, las iguanas marinas. El otro grupo se refugió en tierra y comía cactus y otras plantas. Pero también está este ejemplar, parte marino, parte terrestre.

¿Cómo sabemos que es un híbrido? Lo primero que se ve es el color, es muy negro, igual que las iguanas marinas. No se ve el color amarillo que se vería en una iguana terrestre, pero se ve un pigmento blanquecino, que a menudo se encuentra alrededor del cuello de las iguanas terrestres. Aquí está separado por el negro.

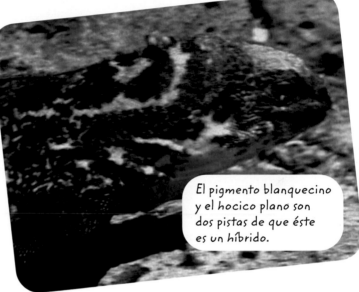

El pigmento blanquecino y el hocico plano son dos pistas de que éste es un híbrido.

A continuación, fíjate que el hocico de esta bestia es plano y redondeado. Esto es algo que se ve en las iguanas marinas, que necesitan un hocico plano para alimentarse de algas marinas.

Esto es algo como una nueva especie.

Esta combinación entre dos especies es muy reciente. Esto sucedió en los últimos años, y no sabemos realmente que rumbo tomará. Como naturalista, me encanta encontrarme cara a cara con lo que puede ser un animal nuevo. Somos testigos de cómo cobran vida las palabras de Darwin. Quizás éste es el comienzo de una nueva especie, con sus propias características de supervivencia o quizás el experimento acaba aquí. Para obtener la verdadera respuesta, sólo quédate por aquí unos miles de años.

Nuestra aventura en las Galápagos estuvo compuesta de una serie de encuentros tan espectaculares, que creo que merece un final grandioso. Estamos nuevamente en la majestuosa isla de Isabela para concluir nuestra travesía en Sierra Negra, la segunda caldera, o cráter volcánico, más grande del mundo. En algunos puntos tiene un diámetro de 5,5 millas (8,9 kilómetros). Hace un millón de años, era violento. La lava salía burbujeando desde la tierra y freía todo lo que encontraba a su paso. Pero al final, de esa violencia surgió la vida. La lava se enfrió y formó un sustrato, una superficie, para que pudieran crecer algunas formas de vida. Primero vinieron las plantas y luego los animales.

Por allí hay una caldera.

Hace millones de años este cráter lanzaba lava caliente día y noche.

Las Islas Galápagos son un lugar extraordinario. Este laboratorio viviente de la evolución ha atraído científicos durante muchos años, primero a Darwin y luego a otros. Vinieron a comprender mejor nuestro mundo y el sorprendente proceso de evolución. Pero creo que es importante que recordemos que aunque muchos de los animales que viven aquí son resistentes por naturaleza, en su conjunto éste es un lugar muy sensible. Lo que hacemos aquí puede tener un impacto, y podríamos tratar de que sea un impacto positivo.

Hasta la próxima, espero con ansia nuestra próxima experiencia de fauna silvestre.

GLOSARIO

caldera el cráter dejado por un volcán

cartilaginoso compuesto por o relacionado al cartílago

cornucopia una gran cantidad

crustáceo un tipo de animal acuático tal como los camarones, cangrejos o langostas

depredadores animales que matan y se alimentan de otros animales

escudos placas óseas o escamas, tal como en el caparazón de una tortuga

espiráculo un orificio para respirar

evolución teoría de Darwin que explica cómo se adaptan y cambian con el tiempo las especies

extinción cuando no quedan más miembros vivos de una especie

flujo movimiento de cambio

fraternicidio obligado cuando un animal bebé mata a su hermano para tener toda la atención de sus padres

hábitat un lugar donde los animales y las plantas viven naturalmente

herbívoro un animal que come plantas

híbrido el descendiente de dos tipos distintos de animales

hipotermia temperatura corporal por debajo de la normal

metabolismo proceso del cuerpo necesario para la vida, tal como obtener energía de los alimentos

naturalista un estudiante de historia natural como puede ser un biólogo de campo

opérculo cobertura de las branquias de un pez

rehabilitado curado, al cual se le devolvió la salud

reptiles animales de sangre fría que generalmente ponen huevos tal como los lagartos o las serpientes

selva tropical una selva tropical donde llueve mucho

sustrato superficie de la Tierra donde viven animales

trópicos lugares cercanos al ecuador

Índice